Luthers Ideale
in Vergangenheit und Gegenwart

Rede
zur Reformationsfeier der Universität Jena
am 31. Oktober 1917

von

Hans Lietzmann

Bonn
A. Marcus und E. Weber's Verlag
1918

Als der Protestantismus zum ersten Male die Jahrhundertfeier des Wittenberger Thesenanschlags beging, ballten sich am Horizont bereits die drohenden Wolken zusammen, aus denen bald die furchtbaren Reihen schwerer Kriegsgewitter sich entladen sollten, die 30 Jahre lang über die unglücklichen deutschen Lande dahinbrausten, die stolze deutsche Kultur des 16. Jahrhunderts ausrotteten, und auf lange hinaus ein Wiederaufblühen unmöglich machten. Beim 300-jährigen Jubelfeste hatte die Welt schaudernd die Napoleonischen Kriege über sich ergehen lassen müssen und atmete eben auf in dem Bewußtsein schwer errungener Freiheit. Heute, bei der 400-jährigen Gedächtnisfeier der Reformation, stehen wir mitten in dem gewaltigsten Ringen, das die Weltgeschichte je gesehen hat. Es ist, als müßte das Jahr 17 mit großen Katastrophen des Weltgeschehens zusammenfallen.

Die Zeit vor 100 Jahren war der Gegenwart in manchem vergleichbar. Das Bewußtsein gemeinsamer Arbeit an hohen Menschheitsidealen hatte die führenden Geister aller Kulturvölker einander näher gebracht, und über die nationale Beschränktheit erhob sich das Ideal des Weltbürgertums und der Völkerverbrüderung; die allgemeine Aufklärung und Vernünftigkeit schien den Krieg überwunden zu haben.

Wie schön, o Mensch, mit deinem Palmenzweige
Stehst du an des Jahrhunderts Neige
In edler, stolzer Männlichkeit

sang Schiller im Jahre 1789. Aber schon die Jahrhundertwende belehrte ihn eines andern:

Das Jahrhundert ist im Sturm geschieden
Und das neue öffnet sich mit Mord. —

Ähnlich war es 1914. Auch da schien die zu staunenswerten Ergebnissen gelangte Kulturarbeit in allen Völkern eine solche Summe gemeinsamer Werte erarbeitet zu haben, daß von niemandem die Zerstörung dieses kostbaren Gutes durch Entfesselung eines Krieges erwartet werden konnte. Seit geraumer Zeit war die Schaffung eines in immer stärkerem Maße die Streitigkeiten schlichtenden und die Völker bindenden internationalen Rechtes in Gang, und eine starke Friedensbewegung in allen Völkern übte auf die Regierungen bestimmenden Einfluß.

Und doch kam der Krieg! Mit einem Schlage vernichtete er alle Träume, und mit ihnen schienen auch die höchsten Ideale der Kulturwelt zu zersplittern. Und mehr noch fast als der Kriegsausbruch selbst haben seine Begleitumstände das harte Wort vom Bankerott der Kultur und insbesondere vom Bankerott des Christentums entstehen lassen. Wer es noch nicht aus der Geschichte gelernt hatte, der konnte jetzt deutlich sehen, daß die Beziehungen der Völker untereinander nicht durch Erwägungen des Rechts, geschweige denn durch Gebote der Sittlichkeit bestimmt wurden. Vor allem aber wirkte es niederdrückend, daß die Einzelpersonen grundsätzlich auf die Betätigung von Rechtlichkeit und Ritterlichkeit, Treue und Wahrhaftigkeit, Menschlichkeit und Barmherzigkeit, nicht nur dem Feinde, sondern auch dem eigenen Volksgenossen gegenüber verzichteten, wenn es galt, den tödlich gehaßten Gegner zu schädigen. Hier schien sich deutlich die mangelnde Einwirkung des Christentums zu offenbaren im grellen Gegensatz zu den Riesenzahlen der amtlichen Christen. Wo ist die völkererziehende und kulturveredelnde Wirkung des Christentums geblieben? So scholl die Frage unwilligen Erstaunens.

Das Erstaunen war ungerechtfertigt. Längst konnten wir in den langen Friedensjahren uns bei jedem Blick in die inneren Verhältnisse überzeugen, daß nicht die Gebote der Sittlichkeit oder gar der christlichen Gesinnung auch nur im

Verkehr der einzelnen Volksgenossen dem Kampf ums Dasein die Gesetze vorschrieben. Der Weltkrieg bringt nur in der Form der furchtbarsten Katastrophe die auch im Frieden von keinem Einsichtigen verkannte Tatsache zum Bewußtsein, daß die Wirkungen des Christentums noch lange nicht so stark und tief sind, wie es jeder ernste Christ wünschen muß. Und wenn wir, wie billig, den prüfenden Blick in erster Linie auf uns selbst richten, und uns die Tatsache vor Augen halten, daß die beiden führenden Länder des Protestantismus, Deutschland und England, gerade die eigentlichen Gegenpole des Weltkrieges bilden, so erwächst daraus am heutigen Reformationsjubiläum die Erkenntnis, daß in der 400-jährigen Arbeit des Protestantismus Luthers Kirche nicht so die Völker durchdrungen und erzogen hat, wie Luther es wollte und hoffte. So wird die heutige Feier ein Bußtag der evangelischen Kirche, nicht im Sinne tatenlosen Klagens und skeptischen Verzichtes, sondern im Geiste ehrlicher Selbstbesinnung und tapferen Willens zur Besserung. Nur der zukunftsfreudige Optimist feiert gottgefällige Bußtage.

Luthers Ideale sind der Leitstern des Protestantismus. So haben wir heute zu fragen, ob die Kirche sie voll zur Entfaltung gebracht hat? Und wenn nicht, was müssen wir tun, um sie zur Wirkung zu bringen? Daß sich diese Ideale in vergangenen Zeiten in Formen kleideten, die den damaligen Bedürfnissen entsprachen, versteht sich für den geschichtlich Gebildeten von selbst. Wir wollen wissen, was diese Ideale der Gegenwart sein können und welche Formen sie in unseren Tagen anzunehmen haben. Jedes Ideal erleidet bei seiner Überführung in die Wirklichkeit eine Minderung, aber es gilt, diese nicht größer werden zu lassen, als jeweils unbedingt erforderlich ist. So wollen wir bei der heutigen Feier an einigen Beispielen Luthers Ideale in Vergangenheit und Gegenwart vor uns lebendig werden lassen.

Die grundlegende religiöse Erkenntnis, auf der sich der Protestantismus aufbaut, ist die Lehre von der Rechtfertigung allein durch den Glauben. Hier ist der eigentliche Quellort des gewaltigen Stromes lebendiger Frömmigkeit, der, von Luthers Persönlichkeit ausgehend, die Welt befruchtet hat. In eigenem schweren Ringen hat Luther wieder die Religion entdeckt, die Paulus, die Jesus selbst als göttliche Wahrheit verkündigten. Religion als persönliches Vertrauensverhältnis zu Gott, und dementsprechend Glaube nicht als eine Sache des Intellektes, sondern des Gefühls, mehr noch des Willens. Der Gläubige ist ein Charakter, der vertrauensvoll gewillt ist, die Lehren und Bilder der heiligen Geschichte auf sich zu beziehen und zum eigenen Erlebnis zu gestalten, er ist religiöse Persönlichkeit schlechthin! Daher der Gegensatz zum Glauben das von außen an den Menschen herantretende Gesetz mit dem von ihm geforderten Wirken und religiösen Kasuistik ist, was sonst unverständlich wäre. Aus diesem Glaubensbegriff erwächst naturgemäß eine gewisse Gleichgültigkeit gegen das rein Spekulative. Melanchthon, der Luthers intuitive Erkenntnisse kongenial in theologische Formeln umzusetzen verstand, hat in seinem klassischen Werke, den Loci theologici von 1521 dieser Empfindung scharfen Ausdruck verliehen mit den Worten, daß: „wir besser tun, die Geheimnisse der Gottheit anzubeten, als ihnen nachzuspüren", und „daß wir füglich keine Ursache haben, viel Arbeit auf jene höchsten Lehrpunkte von Gott, der Einheit und Dreifaltigkeit Gottes, dem Geheimnis der Schöpfung und der Art und Weise der Menschwerdung zu verwenden". Haben doch die Scholastiker sich jahrhundertelang vergebens bemüht, „und man könnte von ihrer Torheit schweigen, wenn nicht jene närrischen Disputationen uns bisweilen das Evangelium und die Wohltaten Christi verdunkelt hätten". Das ist der grundsätzliche Standpunkt, den die lutherische Religion gegenüber der katholischen Auffassung von Gläubigkeit einnimmt.

Aber nur zu bald drang das 16. Jahrhundert mit Macht auf diese junge Erkenntnis ein, und in hartem Kampfe mit den Schwärmern und Täufern, bald auch mit Zwinglianern mußte sich Luther nach äußeren Grenzwällen umsehen, welche die neuangelegte Pflanzung vor der Überschwemmung schützten. Und diese Grenzwälle konnten nichts anderes sein, als intellektuell erfaßbare theologische Formulierungen. In derselben Richtung wirkten die Wünsche wohlmeinender Fürsten, die zu politischen Zwecken formulierter Paragraphen zu bedürfen behaupteten. Und so lesen wir schon im zwölften Schwabacher Artikel von 1529: „daß die Kirche nichts anderes ist, denn die Gläubigen an Christum, welche obgenannte Artikel und Stücke halten, glauben und lehren und darüber verfolgt und gemartert werden in der Welt.“ Für Luther freilich, der seinen idealen Glaubensbegriff bis an seinen Tod festgehalten und verkündet hat, waren hier mit dem Wort „die Gläubigen“ eben die religiösen Persönlichkeiten bezeichnet, die Gott als die Seinen ansieht, und der Zusatz sollte nicht das Wesen ihres Glaubens, sondern nur eine äußere, nicht einmal ausschließlich intellektuelle Erscheinungsform desselben bezeichnen. Aber wie lange konnte es dauern, bis diese feinen Unterschiede sich verloren und der altgewohnte intellektuelle Glaubensbegriff neben den echtlutherischen trat, ja, diesen überwucherte!

Die Augsburger Konfession von 1530, die als politisches Dokument vor Kaiser und Reich den Nachweis erbringen will, daß das Luthertum im Grunde nur eine gut katholische Reformbewegung sei, legt zu diesem Zwecke, ganz anders wie Melanchthons Jugendwerk, erheblichen Wert auf den Nachweis, daß die altkirchliche dogmatische Spekulation das Glaubensfundament auch des Protestantismus sei. So ist Glaube bald gleichbedeutend mit Orthodoxie geworden, und wo sich religiöse Persönlichkeit ohne den Ausweis legitimer Dogmatik fand, wurde sie rücksichtslos bekämpft und abgestoßen, sehr im Gegensatz zum altreformatorischen Ideal. Im Pietismus hat sich eine gesunde Reaktion gegen diese

Verkehrung der lutherischen Grunderkenntnis mächtige Geltung zu verschaffen gewußt. Die rein intellektualistisch bedingte Aufklärung des 18. Jahrhunderts führt freilich ganz von Luther ab. Aber sie erkämpft mit ihren kritischen Erkenntnissen das Ideal einer freien Wissenschaft, das im 19. Jahrhundert Kirche und Theologie innerlich aufs stärkste beeinflußt hat. So ist in gesetzmäßig fortschreitender Selbstkritik die moderne Wissenschaft dazu gelangt, das intellektualistische Ideal zu stürzen und damit auch wissenschaftlich die Bahn frei zu machen für eine neue Einschätzung der Grunderkenntnis Luthers vom alleinigen Werte der religiösen Persönlichkeit vor Gott, einerlei in welche Denkformen und Formeln sie ihr Erlebnis kleidet.

Diesen Kerngedanken des Luthertums gilt es immer stärker von den Schlacken des 16. Jahrhunderts, die ihn auch heute noch allzusehr verbergen, zu befreien. Dann wird auch innerhalb der theologischen Richtungen sein „groß Fried ohn Unterlaß"; sie werden und sollen getrennt marschieren, aber vereint schlagen auf den Feind, der unseres Volkes Seele und Christi Werk an ihr bedroht.

Die Schrift an den Adel deutscher Nation hebt aus mehr als tausendjähriger Verborgenheit das Ideal des allgemeinen Priestertums an das Licht einer neuen Zeit. Alle Christen sind durch die Taufe zu Priestern geworden, denn alles, „was aus der Taufe gekrochen ist, das mag sich rühmen, daß es schon Priester, Bischof und Papst geweiht sei, obwohl nit einem jeglichen ziemt, solch Amt zu üben", denn da wir alle gleich Priester sind und doch nicht alle zugleich sich als solche betätigen können ohne ärgerliche Störung und Wirrung im Leben der Gemeinde, so erwählt die Gesamtheit einen aus ihrer Mitte, der in ihrem Namen und Auftrag das Amt eines Priesters üben soll. Sieben Obliegenheiten des Priesters gibt es: Das Wort Gottes lehren, taufen, Dienst am Brot und Wein üben, Sünden binden und lösen, opfern, Fürbitte einlegen für andere, urteilen und unterrichten über die

Lehre. Diese sieben Dinge auszuüben hat jeder Christ von der Taufe her das Recht. Gebrauch machen darf er freilich davon nur, wo er es allein besitzt, d. h. wo er sich unter Nichtchristen befindet, oder die Not sein Eintreten fordert. Überall sonst aber soll das Priesteramt öffentlich nur von dem gehandhabt werden, den die Zustimmung der Gemeinde dazu bestellt hat. Und wenn dieser seines Amtes nicht mehr warten kann oder will, „so tritt er wieder in den gemeinen Haufen, befiehlt das Amt einem anderen und ist nichts anderes denn ein jeglicher gemeiner Christ." So lehrt noch 1539 Luther mit großem Nachdruck, aber gleichzeitig hält er nicht minder fest an dem Fortbestehen des Notrechts zur Ausübung des Priestertums, sogar für Frauen, wie er denn schon 1522 betont hat, „wenn aber kein Mann prediget, so wärs vonnöten, daß die Weiber predigten".

Hiermit verbinden wir ein anderes Ideal Luthers, das weniger in den Vordergrund getreten ist und vielfach sogar auf fremde Einflüsse zurückgeführt wird, während wir doch deutlich sehen können, wie der Gedanke langsam in Luthers seelsorgerischem Herzen emporkeimt und fest Wurzel darin geschlagen hat. Freilich hat die Entwicklung der Gemeindebildung gar bald dafür gesorgt, daß er nicht dazu gelangte, Blüten und Früchte zu treiben: es ist das Ideal einer Sammlung der ernsten Christen.

Seit der Osterzeit des Jahres 1521 predigt Luther gegen den gewohnheitsmäßigen Abendmahlsbesuch der großen Massen, die nur in gedankenloser Befolgung des kirchlichen Gebots zum Tisch des Herrn kommen, ohne wahrhaft würdig und gläubig zu sein. Nur wer sich nach Christi Sinn würdig befindet, d. h. Hunger und Durst nach dem Sakrament hat, der komme. Das würden dann freilich kaum Hundert statt der jetzt zuströmenden Tausend sein, aber es gäbe dafür auch eine christliche Versammlung, während wir jetzt fast eitel Heiden sind unter christlichem Namen, und in einer solchen Versammlung könnten wir auch die von uns absondern, die wir an ihren Werken als ohne Glauben und Liebe erkennen. In den nächsten Jahren sehen wir Luther in diesem Sinne auf die Gemeinde einwirken. Ende 1523 entwirft er den Plan zu einer Anmeldung und Prüfung der Kommunikanten beim Pfarrer: der soll entscheiden, ob Lebenswandel, Glaube und Verständnis zum Abendmahlsbesuch ausreichen, und wer in groben, öffentlichen Sünden lebt, soll ausgeschlossen sein, wofern er nicht ernstliche Beweise wahrer Reue aufweisen kann. Die so auserwählten Kommunikanten sollen von der Predigtgemeinde gesondert im Chor der Kirche stehen, damit jedermann sie sehen kann, und sie dergestalt ein öffentliches Bekenntnis zu einem wahrhaft christlichen Leben durch den Abendmahlsbesuch ablegen.

In größerer Ausführlichkeit ist dann in der berühmten Vorrede zur deutschen Messe von 1526 dies Ideal gezeichnet. Der übliche Gemeindegottesdienst, dessen Formen Luther in der deutschen Messe entwirft, wird unter den Gesichtspunkt eines Missionsgottesdienstes gestellt, „sintemalen unter all dem Volk gar viele sind, die noch nicht glauben oder Christen sind, sondern das mehrer Teil stehet da und gaffet, daß sie auch etwas neues sehen, gerade als wenn wir mitten unter den Türken oder Heiden auf einem freien Platz oder Felde Gottesdienst hielten". Dem stellt Luther gegenüber die rechte Art der evangelischen Ordnung, die nicht so öffentlich auf dem Platze geschehen soll unter allerlei Volk. Sondern diejenigen, die mit Ernst Christen sein wollen und das Evangelinm mit Hand und Mund bekennen, müßten sich mit Namen in ein Verzeichnis eintragen und ihre gottesdienstlichen Versammlungen etwa in einem Hause halten, wo man alleine zum Gebet, zum Lesen, zum Empfang der Sakramente und zur Übung anderer christlicher Werke zusammenkommen möge. Hier würde sich leicht eine angemessene Gestalt des christlichen Gottesdienstes von selbst entwickeln, in der alles auf Wort und Gebet und die Liebe gerichtet wäre. In dieser Ordnung könnte man auch die, die sich nicht christlich hielten, kennen, strafen, bessern, ausstoßen oder in den Bann tun.

„Aber“, so klagt er, „ich kann und mag noch nicht eine solche Versammlung oder Gemeinde ordnen oder anrichten, denn ich habe noch nicht Leute und Personen dazu, sehe auch nicht viele, die darauf dringen, kommts aber, daß ichs tun muß und dazu gedrungen werde, daß ichs aus gutem Gewissen nicht lassen kann, so will ich das Meine gern dazu tun und das Beste, was ich vermag, helfen.“ In einem Gespräch mit Schwenkfeld hat Luther des Näheren ausgeführt, wie er sich das in die Wittenbergische Wirklichkeit übersetzt dachte. Er wollte einem Kaplan den missionierenden Gemeindegottesdienst übergeben und jene Auswahlgemeinde im Augustinerkloster um sich versammeln. Die Folgezeit aber belehrte ihn nur zu gründlich, wie wenig er auf die Zustimmung der Gemeinde zu solch hohen Zielen zu rechnen hatte, und schon die Visitationen der nächsten Jahre konnten ihm keinen Zweifel darüber lassen, daß es seine Lebensaufgabe sei, die Grundlagen evangelischen Gemeindelebens aus dem Gröbsten heraus neu zu schaffen. So hat er auch auf die Sammlung der ernsten Christen verzichten müssen, und nur gelegentlich verrät in späterer Zeit — noch 1533 — eine briefliche Wendung, daß der Plan nur aufgeschoben, nicht aufgehoben ist.

Aber die kirchengeschichtliche Entwicklung der nächsten Periode hatte für solche Ideale keinerlei Platz. Sie begnügte sich damit, zu konservieren, was tatsächlich in die Erscheinung getreten war, und lehnte es ab, in Luthers Gedankenwelt Fingerzeige zu weiteren Entwicklungsmöglichkeiten aufzuspüren. Erst der Pietismus hat ähnliche Gedankenreihen entwickelt und in einer freilich von Luthers Absichten sich deutlich scheidenden Weise zur Ausführung gebracht.

Aber setzen wir den Gedanken einmal in die lebendige Wirklichkeit hinein. Sind doch die Zustände heute ähnlich wie zu Luthers Zeit. Die große Masse des Volkes besteht aus Namens- und Gewohnheitschristen, die ihre Zugehörigkeit zur evangelischen Gemeinde entweder gar nicht, oder in gedankenloser Erfüllung einer als Pflicht empfundenen kirchlichen Sitte betätigen. Sie würden Luther als Türken und Heiden gelten. Wicherns großer Gedanke von der inneren Mission trifft hier aufs Haar mit Luthers Wünschen zusammen, nur daß er freilich sich ausschließlich an die sozial niederen Stände mit seiner bekehrenden Tätigkeit wendet. Da mag denn der Krieg dem die Augen öffnen, der es früher noch nicht sehen konnte, daß alle Stände gleichmäßig voll sind von Taufscheinchristen, die der Mission in zeitgemäßer Form bedürfen. Aber um so mehr ist bei den Verhältnissen der Gegenwart erforderlich, daß das Wort von Taten begleitet sei, und daß man die ernsten Christen als einen bedeutsamen Bestandteil unseres Volkes auch schon an ihren Wirkungen spüren kann. Es wirkt gewaltig missionierend, wenn der Prediger auf Männer und Frauen hinweisen kann und sagen: „Das sind solche, die mit Ernst Christen sein wollen und euch ein Beispiel geben, folget ihnen nach!" Noch größer aber wäre die Bedeutung solcher Gemeinschaften von wirklich innerlich verbundenen Christen für die Vertiefung des religiösen Lebens, denn es ist unbezweifelt, daß ein religiöses Gemeinschaftsleben mit all seinen befruchtenden und stärkenden Wirkungen nur durchführbar ist in kleinen Gemeinden, die sich um einen Seelsorger scharen, der einem jeden persönlich vertraut ist. Daß hier das große Problem der modernen Seelsorge steckt, ist längst empfunden. So wollen wir uns heute daran erinnern, daß Luthers altes, einst begrabenes Ideal zu demselben Ziele weist. Jetzt, nach 400-jährigem Wirken der lutherischen Lehre in deutschen Landen, könnte man wohl überall Leute finden, die mit Ernst Christen sein wollten.

Aber woher die Pfarrer nehmen? Hier ist ein Notstand, für den das Ideal des allgemeinen Priestertums das Mittel zur Abhilfe bietet: es gilt nur, beherzt sich auf den Boden echt lutherischer Lehre mit offenem Blick für die Nöte der Gegenwart zu stellen. Mit dem bloßen Streben nach Vermehrung der Pfarrstellen, mit allerlei Vorschlägen zur Förderung des theologischen Studiums allein ist es nicht getan. Dazu ist die Not viel zu groß. Laienseelsorge, Frauenseelsorge, heißt die Forderung der Zeit! Nicht nur Berufspastoren, studierte so gut wie unstudierte, je nach den Ansprüchen und engeren Bedürfnissen der Gemeinde, brauchen wir, sondern auch im größten Ausmaß Seelsorger im Nebenamt! Vertrauensleute der Gemeinde, die, der Eigenart der einzelnen Gruppen entsprechend, aus dem Kreise christlicher Männer und Frauen gewählt sind. Freies Spiel aller evangelischen Kräfte, die in der Gemeinde schlummern, mannigfaltiges Leben, statt der amtlichen Schablone, das fordert die Not der Gegenwart als die dem 20. Jahrhundert angepaßte Form des allgemeinen Priestertums.

Zum vierten fragen wir danach, was Luther über das Verhältnis der Kirche zum Staat gedacht hat, oder, um in der Sprache seiner Zeit zu reden, welchen Einfluß er der weltlichen Obrigkeit in geistlichen Angelegenheiten zugestand. Schon in der Schrift An den christlichen Adel deutscher Nation war dieses Thema berührt. Hier wurden die deutschen Fürsten aufgefordert, da die geistliche Obrigkeit versage, nun ihrerseits der leidenden Kirche Christi zu Hilfe zu kommen und die Berufung eines allgemeinen Konzils zu erzwingen, welches dann in seiner Eigenschaft als oberste geistliche Behörde mit eigener Autorität die Reformation durchzuführen habe. Es kam nicht dazu. Aber aufs neue taucht das gleiche Problem vor Luther auf in Zusammenhang mit den für die Ausgestaltung der Landeskirchen in der Folgezeit maßgebenden Visitationen. Es ist nicht ohne Bedeutung, daß Herzog Johann Friedrich in einem Briefe aus dem Jahre 1524 der erste ist, der eine Kirchenvisitation als Mittel gegen die Wirrnisse der Zeit empfiehlt und es Luther ans Herz legt, von einer Stadt in die andere im Fürstentum zu ziehen und zu sehen, wie Paulus tat, mit was für Predigern die Städte der Gläubigen versehen wären. Die untauglichen Prediger hätte er dann mit Hilfe der Obrigkeit zu entsetzen.

Die Denkschrift des Zwickauer Pfarrers Nicolaus Hausmann vom Mai 1525 bittet sodann in ausführlicher Darlegung den Kurfürsten um Anordnung einer Visitation. Doch mischen sich hier miteinander die Idee, daß der Kurfürst, wie jeder Landesfürst, als oberster Schutzherr seiner Untertanen die ewige Verderbnis von ihren Seelen abzuwenden habe, daß ihm also, wie das Beispiel des Markgrafen Kasimir von Brandenburg-Kulmbach bereits erwiesen habe, nach dem Vorbilde König Josaphats das Visitationsrecht zustehe, mit der anderen Gedankenreihe, daß der Kurfürst um der Liebe willen in der Not eingreifen müsse, da die Bischöfe versagten.

Im Herbst desselben Jahres begegnen uns auch die ersten Äußerungen Luthers, welche den Kurfürsten zu einer Art Visitation auffordern. Aber es ist lediglich der Wunsch, der Landesfürst möge als weltliche Obrigkeit Sorge tragen, daß die städtischen Gemeinden den bestellten Pfarrern gegenüber ihre finanziellen Verpflichtungen erfüllten. Zu diesem Zwecke sei es dringend nötig, daß der Kurfürst für die Bereitstellung aller erforderlichen Mittel durch die städtischen Behörden Sorge trage. Ein Jahr später, im November 1526, ist der entscheidende Brief entstanden, der vom Kurfürsten eine durchgreifende Visitation des ganzen Landes erbittet und erlangt hat. Aber auch hier wird die Berechtigung des kurfürstlichen Eingreifens einmal, wie bisher, durch die Pflicht der finanziellen Oberaufsicht begründet, sodann aber tritt als neuer Gedanke hinzu der Appell an den Kurfürsten als den obersten Vormund der Jugend, der Städte und Dörfer zwingen kann, daß sie Schulen, Predigtstühle und Pfarrer halten. Denn der Obrigkeit insbesondere ist geboten, vor allen Dingen doch die arme Jugend, die täglich geboren wird und aufwächst, zu ziehen und zu Gottesfurcht und Zucht zu halten: und dazu muß man Schulen und Prediger und Pfarrer haben. „Wollen die Eltern ja nicht, so mögen sie immer zum Teufel hinfahren, aber wo die Jugend versäumt und unerzogen bleibt, da ist die Schuld der Obrigkeit.“ Die

Mittel dazu mögen aus den Klostergütern und Stiften, die nun in des Kurfürsten Hand gefallen sind, erwachsen.

Die Instruktion, welche der Kurfürst für die Visitatoren erließ, und in der er den weltlichen wie den geistlichen Visitatoren gleichmäßig seine Vorschriften und Befehle erteilt, steht im großen wie im kleinen augenscheinlich auf dem Standpunkt, daß Recht und Pflicht zur Visitation aus der landesherrlichen Gewalt entspringen. Dagegen hat Luther in seiner Vorrede zum Unterricht der Visitatoren Einspruch erhoben. Weil die kirchlichen Behörden versagen und sonst niemand da ist, der imstande wäre, Visitatoren mit der erforderlichen, das ganze Land umspannenden Autorität zu bestellen, soll der Landesherr die einfache christliche Liebespflicht erfüllen und seine auf weltlichem Gebiet mächtige Hand dazu bieten, daß geeignete Visitatoren bestellt werden, die durch seine Aufforderung den ihnen bisher fehlenden Beruf und gewissen Befehl erhalten. Mit Nachdruck betont Luther, daß Seine Kurfürstliche Gnaden aus christlicher Liebe die Visitation anordnen solle, denn sie nach weltlicher Obrigkeit nicht schuldig sei. Die Vorstellung ist klar und deutlich. Bei der Not der Christenheit soll der Landesherr als Christ seine Macht zur Neuerbauung christlichen Gemeindelebens leihen. Auch stärkeres und tiefer in das Innere reichendes Zugreifen des Landesherren hat sich in vielen Fällen als nötig und heilsam erwiesen, und Luther sah die Dinge klar genug, um solche Eingriffe nicht nur zu dulden, sondern sogar gelegentlich zu erbitten. Aber stets war er sich bewußt, daß es sich hier um einen Notstand handele, der außergewöhnliche Mittel erfordere, daß der Landesherr eben nur als „Notbischof“ in Betracht kommen könne. War also die Not behoben und das Gemeindeleben in normale Bahnen geleitet, so mußten notwendig Rechte und Pflichten zum Eingreifen für den Landesherrn verschwinden. Das ist nicht geschehen: der Notstand ist zum Normalstand geworden.

Ist nun nach 400 Jahren die protestantische Kirche und das evangelische Gemeindeleben soweit erstarkt, daß sie ohne die staatliche Nothilfe sich selbst in Luthers Sinne verwalten kann? Ist die Verfassung der einzelnen Kirchen so gestaltet, daß in ihrer wesentlichen Betätigung Beeinflussungen durch Gesichtspunkte staatlicher Politik unmöglich sind, und ausschließlich religiöse und kirchliche Beweggründe ihr Handeln bestimmen?

Diese Frage stellen, heißt sie für die Gegenwart verneinen, zugleich aber lutherische Ideale als Ziele künftiger Arbeit aufstellen. Fast überall in deutschen Landen ist die Gestaltung der Kirchen eine mehr oder minder abgewandelte Form des Notstandes des 16. Jahrhunderts. Es ist eine Unterlassungssünde gewesen, die sich durch immer weiter sinkenden Einfluß den Kirche auf die breiten Volksmassen schwer gerächt hat, daß man nicht längst eine gesunde und den sich wandelnden Bedürfnissen der Zeiten besser folgende, ja vorausschreitende Umbildung der Kirchenverfassungen vorgenommen hat. Denn nicht schroffer Bruch mit der Vergangenheit kann uns Deutschen frommen, die wir wie kaum ein anderes Volk in der Geschichte unseres Heimatbodens wurzeln. Nur organische Entwicklung der ihr von Geburt an verliehenen Kräfte kann Deutschlands evangelische Kirche vorwärts führen. Und organisch ist die Entwicklung, die sich vollzieht in der Richtung auf das von Martin Luther seiner Kirche gewiesene Ideal. Dann wird die Religion des Evangeliums in immer mehr deutschen Herzen seine Flamme entzünden, und an Zahl wie an Wirkung werden wachsen die, so mit Ernst Christen sein wollen. Wer da wähnte, die Welt oder auch nur unser Volk sei bereits zum Christentum bekehrt, den mag der Weltkrieg bitter enttäuscht haben. Noch immer gilt das Wort Jesu: „Das Himmelreich ist gleich einem Senfkorn und gleich einem Sauerteig." Sorge, du Kirche Martin Luthers, daß das Senfkorn wachse, daß der Sauerteig unser geliebtes deutsches Vaterland durchdringe!

Frommannsche Buchdruckerei (Hermann Pohle) in Jena. — 4655

Frommannsche Buchdruckerei (Hermann Pohle) in Jena. — 4655

FSC
www.fsc.org
MIX
Papier | Fördert
gute Waldnutzung
FSC® C083411

Kolibri 360 GmbH
Ferdinand-Jühlke-Straße 7
99095 Erfurt, Deutschland
produktsicherheit@kolibri360.de